Dr. Tejas Sanjaybhai Gandhi
Dr.Bharatkumar Dholakiya
Dr. Mayank Patel

Líquido da casca da castanha de caju derivado de recursos renováveis e sua extração

Dr. Tejas Sanjaybhai Gandhi
Dr.Bharatkumar Dholakiya
Dr. Mayank Patel

Líquido da casca da castanha de caju derivado de recursos renováveis e sua extração

ScienciaScripts

Imprint

Cover image: www.ingimage.com

This book is a translation from the original published under ISBN 978-620-2-07562-6.

Publisher:
Sciencia Scripts
is a trademark of
Dodo Books Indian Ocean Ltd. and OmniScriptum S.R.L publishing group

120 High Road, East Finchley, London, N2 9ED, United Kingdom
Str. Armeneasca 28/1, office 1, Chisinau MD-2012, Republic of Moldova, Europe
Printed at: see last page
ISBN: 978-620-7-91589-7

Dedicado a

Ao meu pai, o primeiro a ensinar-me.

À minha querida Mãe, pelas suas orações para mim.

Sem o seu amor *e* encorajamento, isto não teria sido possível

Conteúdo

Prefácio

Os países em desenvolvimento e desenvolvidos estão a assistir a um rápido crescimento de resíduos específicos, como os resíduos de biomassa agrícola e os resíduos de plástico. Estes resíduos específicos requerem uma gestão adequada, uma vez que a maioria dos materiais pode ser reduzida, reciclada ou reutilizada com a ajuda de métodos e tecnologias respeitadores do ambiente. A castanha de caju é um dos maiores produtos agrícolas do mundo, com uma produção de mais de 3,35 mega toneladas em 2011 e que continua a aumentar nos anos seguintes. A castanha de caju em bruto é composta pela amêndoa, que é comestível e nutricionalmente valiosa, e pela casca, que tem sido considerada um resíduo da produção de castanha de caju e que pode trazer um problema ambiental se não for manuseada corretamente. A casca da castanha de caju (CNS), que ocupa cerca de 50% em peso da amêndoa de caju, produz um líquido vesicante pesado chamado líquido da casca da castanha de caju (CNSL), que é reconhecido como uma substância valiosa devido à sua concentração de fenóis insaturados de cadeia longa, como o ácido anacárdico, o cardanol, o cardol e os seus isómeros.

Este livro descreve alguns métodos básicos de extração apenas para o CNSL específico do CNS. Além disso, discutimos o número de aplicações do CNSL e dos seus componentes e também discutimos os vários métodos de isolamento dos principais componentes do CNSL. Explicámos também a história do poliuretano e o número de aplicações, bem como a tecnologia de formação de espuma e as matérias-primas necessárias.

Este livro também descreve a extração do líquido da casca da castanha de caju (CNS) foi realizada utilizando o método de extração Soxhlet na presença de estudos de solventes polares e não polares. A partir do CNSL extraído, o ácido anacárdico foi seletivamente isolado e o CNSL sem ácido foi tratado com amoníaco líquido para separar o cardanol e o cardol de forma gradual.

LÍQUIDO DA CASCA DA CASTANHA DE CAJU DERIVADO DE RECURSOS RENOVÁVEIS E SUA EXTRACÇÃO, ISOLAMENTO E APLICAÇÕES

Tejas S Gandhi[1] , **Bharatkumar Z Dholakiya,**[1] * **Mayank R Patel**[2]

[1] *Sociedade de Educação Mandvi, Faculdade de Ciências-394160*

[1*]*Departamento de Química Aplicada, Instituto Nacional de Tecnologia Sardar Vallabhbhai (SVNIT), Surat-395007, Gujarat-Índia*

[2]*Departamento de Revestimento de Superfícies e Tecnologia, ISTAR, Vallabh Vidyanagar-388120, Gujarat, Índia*

*Autor correspondente: Tel: 91-9428949595, Fax: +91-0261-227334

Correio eletrónico -tejasgandhi1401 @gmail.com tejsvnit.ac.in@gmail.com

Resumo

Apesar do seu potencial industrial e de exportação, a castanha de caju é considerada uma cultura perdida no conjunto dos produtos agrícolas da Índia. Após a separação da castanha do fruto do cajueiro, a casca da castanha é eliminada no ambiente, actuando como um resíduo. A casca da castanha de caju que contém um líquido viscoso avermelhado escuro presente no interior de uma estrutura alveolar macia é designada por líquido da casca da castanha de caju (CNSL). Existem vários métodos de extração do CNSL na literatura. São eles o óleo quente e a torrefação, nos quais o CNSL escorre da casca. O método tradicional de extração do CNSL é a torrefação dos frutos secos em fogo aberto. Este método remove o CNSL por carbonização/degradação, desperdiçando assim o líquido que é uma fonte valiosa de fenóis naturais. O CNSL pode ser corretamente extraído por métodos como a extração a frio, a extração com solvente quente utilizando a extração Soxhlet, a extração com dióxido de carbono supercrítico. A composição do CNSL (Anacardic occidental L) contém principalmente o ácido anacárdico, o cardol e o cardanol do constituinte fenólico em várias propriedades, dependendo dos tipos de métodos de extração. Esta revisão destaca os isolamentos de CNSL e o âmbito do trabalho futuro para CNSL.

Palavras-chave: líquido da casca da castanha de caju, cardanol, ácido anacárdico, cardol, aparelho de soxhlet

Capítulo 1. Introdução

O cajueiro (Anacardium occidentale) é uma árvore perene da família das plantas com flores Anacardiaceae. O cajueiro é uma árvore nativa do Brasil e do Baixo Amazonas. O cajueiro foi introduzido e é uma cultura comercial valiosa nas Américas, nas Antilhas, em Madagáscar, na Índia e na Malásia. (1) A castanha de caju é uma castanha comestível de elevado valor. Produz dois "óleos", um dos quais, que se encontra entre o revestimento da semente (e o pericarpo) e a castanha, é designado por líquido da casca da castanha de caju. O CNSL tem uma elevada proporção de compostos fenólicos. Cresce até 12 m de altura e tem uma extensão de 25 m, como mostra **a figura 1**. O principal subproduto da castanha de caju é o líquido da peri-carpa, conhecido como líquido da casca da castanha de caju. O CNSL é uma das fontes de fenóis naturais. O CNSL é um óleo viscoso, venenoso e de cor âmbar, obtido como subproduto da casca da castanha de caju durante a extração. Trata-se de um fenol substituído que ocorre naturalmente e que pode participar numa série de reacções. É uma substância barata e renovável e pode ser utilizada para o fabrico de uma grande quantidade de produtos úteis. Pode substituir o fenol em muitas aplicações com resultados equivalentes ou melhores. (2) São utilizados muitos processos para extrair o CNSL. Eles podem ser divididos em dois tipos básicos: os que envolvem aquecimento e os que são feitos a frio ou à temperatura ambiente. O processo de aquecimento (torrefação) pode ser feito em recipientes abertos ou tambores (3). Os cajus também podem ser aquecidos pelo próprio CNSL, num processo denominado termo-mecânico (hot oil process) (4). No frio, o CNSL pode ser obtido por extração, em solventes ou por prensagem. O líquido do caju obtido a frio é denominado de CNSL natural e quando extraído a quente é denominado de CNSL técnico. O CNSL natural apresenta maior teor de cardol e ácido anacárdico e menor percentagem de cardanol do que o CNSL técnico. Existem três métodos principais geralmente utilizados na extração do líquido da casca da castanha de caju, nomeadamente a extração térmica, mecânica e por solvente. A extração por solventes, por sua vez, pode ser efectuada por extração a frio, extração a quente com diferentes solventes utilizando o extrator Soxhlet, ultra-sons e extração supercrítica com dióxido de carbono. (5) O método de extração de

Soxhlet utilizando tipos de solventes também está disponível na literatura. (6-9) A aplicação do CNSL depende da sua composição. Foram relatadas as actividades biológicas dos componentes do CNSL, tais como antitumorais (10), antioxidantes (11) e antibióticos (12). Na indústria, os polímeros e resinas de CNSL são amplamente utilizados como materiais de fricção, revestimento de superfícies, adesivos, laminados, compostos de borracha, retardadores de chama e tintas anticorrosivas (13). Também foram recentemente estudados como plastificantes de borracha (14) e antioxidantes (15), na síntese de poliuretanos (16), na cura de resina epóxi (17), e na conhecida resina fenol formaldeído (18).

Figura 1 Cajueiro, maçã de caju e castanha de caju e secção transversal de um fruto de cajueiro

Capítulo 2. Aplicações do CNSL

O CNSL é um subproduto da indústria do caju. A CNSL é frequentemente descrita como uma matéria-prima industrial versátil. Tem uma vasta gama de aplicações no fabrico de numerosos produtos, como se pode ver na **figura 2**.

O CNSL reduziu a extensão dos processos electroquímicos que ocorrem na superfície do aço-carbono em processo de corrosão. A taxa de corrosão do aço-carbono foi reduzida em mais de 90% com apenas 300 ppm de CNSL em condições estacionárias, o CNSL é um excelente inibidor da corrosão do aço-carbono em meio CO_2 . Verificou-se que o inibidor tem um melhor desempenho a uma concentração muito baixa em condições dinâmicas. Foi observado um elevado desempenho do inibidor, cerca de 96%, apenas com a injeção de 20 ppm de CNSL. Verificou-se que a rotação tem um efeito positivo no desempenho do inibidor, sugerindo que a película protetora do inibidor formada é resistente ao fluxo (tensão de cisalhamento). Os resultados também indicaram que é necessária uma concentração muito baixa no sistema dinâmico para atingir a eficiência máxima em comparação com o sistema estacionário. Para além disso, os resultados revelaram que o inibidor CNSL é sensível à temperatura. O seu desempenho diminui com o aumento da temperatura. Verificou-se que este inibidor funciona de forma mais eficiente à temperatura ambiente. (19)

O CNSL e os seus derivados têm características anti-oxidantes. (20) A ordem de atividade antioxidante pode ser generalizada da seguinte forma: CNSL >> cardanol >> cardanol hidrogenado e alquilado > cardanol hidrogenado. O efeito mais pronunciado do CNSL poderia ser atribuído à contribuição extra de outros componentes do CNSL para além do cardanol (cardol, 2-metil-cardol e material polimerizado). A maior atividade do CNSL é mais atractiva porque o CNSL é um recurso natural e mais rentável do que os seus derivados. Conclusões semelhantes foram tiradas por Oliveira et al (21). A propriedade antioxidante foi medida pelos testes DPPH e ABTS (+). Os seus resultados sugerem que o cardanol é o mais ativo, seguido do cardol e do ácido anacádico.

Películas de polimetacrilato de metilo (PMMA) aditivadas a 1% com novos antioxidantes de ésteres de tiofosfato derivados de CNSL técnico. Foi relatado que as medições de análise de gravimetria térmica (TG/DSC) e concluiu que a estabilidade térmica dos filmes é aumentada na presença do aditivo de éster de tiofosfato. (22)

As polihidrinas à base de cardonol foram utilizadas como sensibilizadores para melhorar a atividade fotocatalítica do TIO_2 nu. As porfirinas são sólidos pegajosos castanho-avermelhados, muito solúveis em $CHCl_3$ ou CH_2 Cl_2 , foram caracterizadas por técnicas FT-IR, UV-Vis,[1] H- e[13] C-NMR e MALDI-TOF. (23)

100 g de CNSL em bruto foram quebrados com 20 g de peneira molecular 5 A num reator de aço inoxidável de 1 litro a 500° C durante 2 horas. Todo o gás que saiu foi parcialmente condensado no condensador e recolhido como produto líquido e o restante foi recolhido como produto gasoso. O produto líquido purificado obtido era de cor castanha e cheiro forte. A análise deste produto com GC obteve os resultados como cromatograma, em que algumas partes se assemelhavam quase ao gasóleo. (24)

As composições de resina fenólica à base de CNSL são normalmente utilizadas para fazer um compósito de material de fricção sem amianto para guarnições de travões. (25)

Estão disponíveis tecnologias para converter a casca de arroz e o CNSL modificado em madeira ecológica. (26) Foram publicados trabalhos sobre CNSL e o seu composto fenólico (cardanol) foi utilizado para aplicações de revestimento de travões em automóveis. (27) Os revestimentos de superfície à base de CNSL/cardanol possuem um excelente brilho e acabamento superficial com um elevado nível de resistência e elasticidade. (28) O polissulfureto de cardanol (CPS) foi utilizado como agente de vulcanização da borracha natural. Foi também referido que o tempo ótimo de cura da borracha contendo foi reduzido e as propriedades mecânicas melhoradas. (29) Os polímeros de cardanol-aldeído que contêm ligações de coordenação boro/nitrogénio foram sintetizados a partir de CNSL e apresentaram excelentes propriedades físico-mecânicas, boa resistência a ácidos fortes, soluções básicas e salinas fortes, boas propriedades anticorrosivas e estabilidade a altas temperaturas. (30) Os monómeros epóxi ou isocianatos disponíveis no mercado foram utilizados com êxito para sintetizar resinas fenólicas do tipo novolac à base de cardanol, capazes de formar polímeros termoendurecíveis. (31) Foi também referido que o CNSL imaturo (iCNSL) tem excelentes actividades protectoras em estirpes de S. cerevisiae contra danos oxidativos induzidos pelo peróxido de hidrogénio e inibe a atividade da acetilcolinesterase. (32) Foi mencionado que o CNSL, que contém um elevado teor de ácidos anacárdicos e é um antioxidante natural, nas dosagens testadas, poderia ser melhor utilizado em formulações alimentares funcionais e pode representar uma fonte barata de agentes quimiopreventivos do cancro. (33) As bactérias Gram positivas, que causam cáries dentárias, acne, tuberculose, Streptococcus pneumoniae, Francisella tularensis e lepra, são mortas por produtos químicos anacárdicos. (34) Foi relatado que os compostos de azoto quaternário derivados de componentes monofenólicos do líquido da casca da castanha de caju eram muito estáveis, solúveis em água, inodoros, possuíam uma elevada atividade bacteriana e actuavam como agentes activos de superfície. (35) Estas propriedades tornaram-nos especialmente úteis como germicidas, desinfectantes e agentes sanitizantes, especialmente nas indústrias alimentar e de lacticínios.

Os sais de sódio do ácido anacárdico são agentes tensoactivos aniónicos (36-39). Foi sugerido que o anacardato dissódico poderia ser um tensioativo bactericida útil. A tensão superficial mostrou um mínimo na gama de concentração de 0,2-0,1 por cento. Os autores estabeleceram também uma relação entre a condutância e a concentração e descobriram uma concentração micelar crítica de 0,053%. Estabeleceram também uma relação entre a atividade de superfície e a insaturação. Concluíram que, à medida que a insaturação aumenta, as características emulsionantes e espumantes aumentam, seguindo-se uma ligeira descida. Nem o saturado nem o mais saturado dão as melhores propriedades de superfície e de volume; o equilíbrio hidrofílico-lipofílico ótimo situa-se perto do anacardato mono e di-insaturado. Foi relatado que o sal monossódico é mais potente como bactericida, particularmente contra Staphylococcus aureus, uma vez que possui um espetro mais amplo de atividade antibacteriana do que o geralmente exibido por agentes tensioactivos aniónicos, e que esta atividade é largamente independente do pH na gama de 5 a 9.

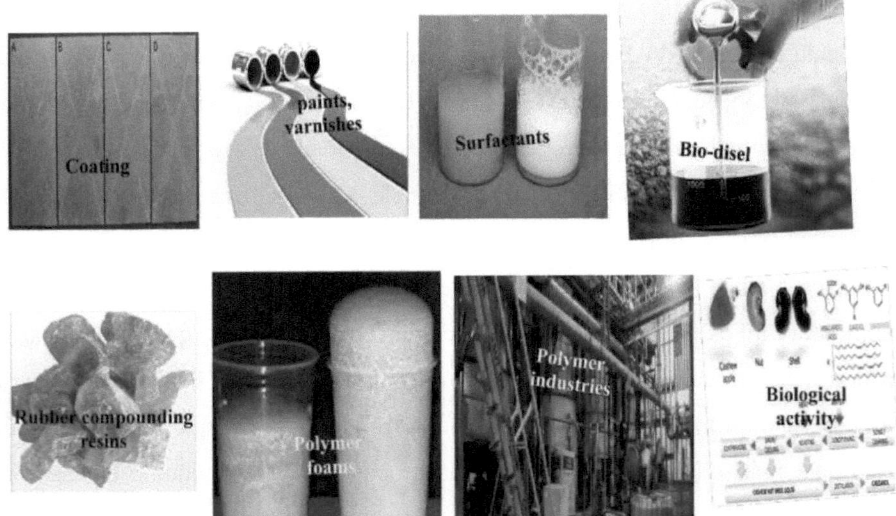

Figura 2 Principais aplicações do CNSL e seus componentes principais

Capítulo 3. Tipos de métodos de extração de CNSL do CNS

O CNSL é classificado em CNSL técnico e CNSL natural, consoante o tipo de extração. O CNSL técnico é rico em cardanol (também conhecido como CNSL descarboxilado), enquanto o CNSL natural é rico em ácido anacárdico. Existem três métodos principais geralmente utilizados na extração do líquido da casca da castanha de caju, nomeadamente a extração térmica, mecânica e por solvente. A extração por solventes, por sua vez, pode ser efectuada por extração a frio, extração a quente com diferentes solventes utilizando o extrator Soxlet, ultra-sons e extração supercrítica com dióxido de carbono. (40)

Na produção de amêndoas de caju para fins alimentares, o CNSL é extraído da casca exterior das castanhas de caju antes de estas serem descascadas, de modo a que as amêndoas possam ser removidas sem serem contaminadas pelo líquido. Existem três métodos principais para obter este líquido, como se pode ver na **figura 3**.

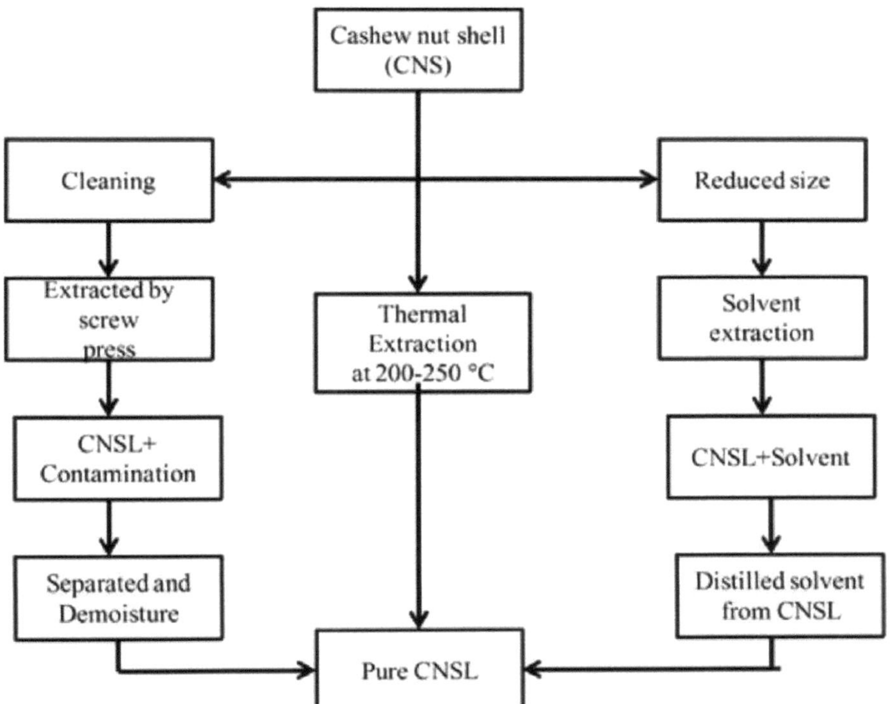

Figura 3 Métodos de extração de CNSL da casca da castanha de caju

Capítulo 4. Método de torrefação

O método tradicional de remoção do CNSL envolve a torrefação da noz em tambores ou banhos. O processo de torrefação não só remove o CNSL corrosivo como também torna a casca frágil, ajudando assim o processo de fissuração. Este método provoca a perda da maior parte do CNSL. Para extrair o CNSL retido, as nozes são torradas em banhos a uma temperatura de 180-185°C. As aberturas no equipamento dissipam os fumos desagradáveis. Este método recupera 85-90% do líquido (41)

De acordo com uma patente italiana (42), as cascas são raspadas num aparelho rotativo com areia e esponja de arame, aquecidas a 100-300°C durante 1 h e depois torradas a 400-700°C numa atmosfera inerte, altura em que o óleo volta a escorrer.

Capítulo 5. Método do banho de óleo quente

De um modo geral, este é o método mais comum de extração comercial de CNSL na prática atual. A técnica pode ser diferente consoante a matéria-prima, que é a castanha de caju em bruto ou a casca da castanha de caju. No primeiro caso, a casca da castanha de caju é recolhida num cilindro, onde é aplicado um aquecimento a vapor a temperaturas de cerca de 200-250°C durante 2-3 minutos. O CNSL é então libertado das cascas e o processo é repetido. Este método produz CNSL de cerca de 7-12% por peso de castanha. Para o último, as nozes cruas são passadas através de um banho de CNSL quente, quando a parte exterior da casca se abre e liberta CNSL. Este método produz CNSL de cerca de 6-12% em peso de noz. (43)

Capítulo 6. Utilização do fogão solar

O óleo da casca da castanha de caju foi extraído utilizando um fogão solar de concentração com uma capacidade de 1,4 kW e um diâmetro de 1,4 m. O diâmetro do ponto focal do fogão era de 30 m e foi utilizado para recolher o calor refletido pelo refletor e atingir uma temperatura de 225-300^0 C. Os fogões solares com as seguintes especificações foram Tipo de Fogão Solar Parabólico Modelo: S K-14, o refletor era uma folha de alumínio (refletividade >75%), o diâmetro do fogão era de 1,4m, a área do refletor era de 2,2m^2 , a temperatura variava entre 200-215°C, a eficiência térmica era de 40% e a capacidade de cozedura era de 13 X10-3 m^3 /hr para realizar a extração que é mostrada na figura 4. (44)

Figura 4 Disposição do extrator de óleo CNSL

Os autores conseguiram obter CSNL na ordem dos 550X10-3m^3 a partir de 5 kg de conchas em 5 minutos. A composição da análise da CNSL não pôde ser efectuada.

Efectuaram a análise de proximidade do bolo não oleado. A baixa percentagem de teor de cinzas e a percentagem mais elevada de matéria volátil e de valor calorífico revelaram a adequação da casca de caju não oleada como combustível para aplicação térmica, utilizando a via de gaseificação para um melhor controlo e uma maior eficiência. A combustão da casca pode ser efectuada quer numa câmara de combustão de leito fixo, que dá 50% de eficiência, quer numa câmara de leito fluidizado, que dá 85% de eficiência. (45)

Capítulo 7. Método de prensagem com parafuso

As cascas de castanha de caju em bruto são colocadas na prensa hidráulica ou na prensa de parafuso e, em seguida, exercem uma pressão elevada para libertar o CNSL das cascas. Este método é bastante simples e rápido, entre outros. Foi relatado um trabalho de extração de CNSL por meio de um parafuso de compressão cónico, rolos de alimentação de superfície transversal em ziguezague e um invólucro cilíndrico com orifícios de 2 mm de diâmetro. Utilizando uma velocidade do parafuso de 7-13 rpm e uma taxa de alimentação de 54-95 kg/h, a percentagem de CNSL extraída foi de 20,65-21,04 por cento, a percentagem de pureza do CNSL foi de 85,53-87,8 wt % e a taxa de extração foi de 11,93-14,90 kg/h. No entanto, o resíduo deste método ainda continha proporções significativas de CNSL, cerca de 10 a 15%. Além disso, este método de extração tinha níveis mais elevados de impurezas, maior viscosidade, menor estabilidade termo-oxidativa e menor temperatura de ebulição. O CNSL obtido por este processo continha 42% de cardol, 47% de ácido anacárdico e 3% de cardanol. (46)

Capítulo 8. Método de extração por solventes

Este método liberta a maior parte do CNSL em comparação com outros métodos. O óleo remanescente no resíduo é inferior a 1% em peso. Na fase de preparação, a contaminação é removida através da utilização de um dispositivo magnético. A casca da castanha de caju é então reduzida a pequenas dimensões para facilitar a secagem e a extração. O solvente orgânico é adicionado à casca da castanha de caju. O CNSL é então extraído na solução. A solução é separada das partículas sólidas e levada à ebulição do solvente, que é posteriormente condensado para reutilização no processo. A solução em ebulição será destilada até que todo o solvente seja separado. A estrutura dos vários componentes do CNSL é mostrada na figura 5. (48)

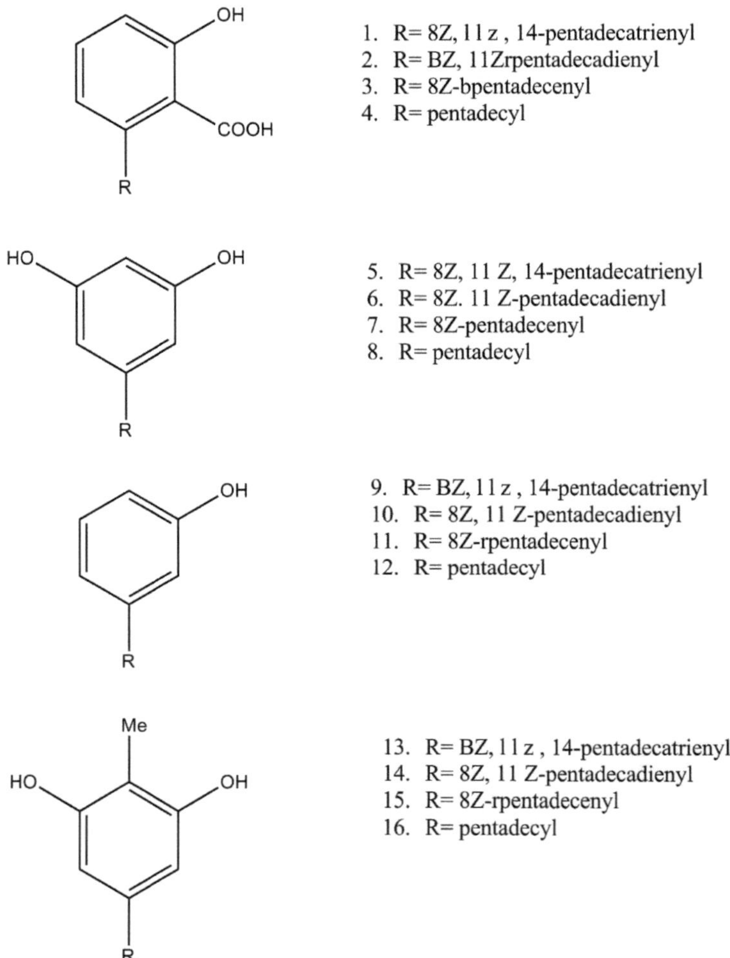

Figura-5: A estrutura dos vários componentes do CNSL

Capítulo 9. Escolha dos solventes de extração

Embora a água seja quase sempre um dos líquidos no processo de extração líquido-líquido, a escolha do solvente orgânico é bastante ampla. Um bom solvente de extração necessita de quatro características essenciais:

(1) Tem de ser praticamente imiscível com a água.

(2) Tem de ter uma densidade diferente da da água.

(3) Necessita de uma boa estabilidade e volatilidade para que possa ser facilmente removido do composto orgânico por evaporação.

(4) O soluto tem de se dissolver facilmente nele.

Idealmente, um solvente de extração deveria também ser não tóxico e não inflamável, mas estes dois critérios são menos fáceis de satisfazer.

Os solventes de extração dividem-se em dois grupos: os que são menos densos do que a água e os que são mais densos. (47) Entre os solventes de extração mais utilizados no primeiro grupo contam-se o éter dietílico (o solvente de extração mais comum), o acetato de etilo e os hidrocarbonetos, como o éter de petróleo, o hexano ou o tolueno. O segundo grupo inclui os solventes clorados, como o diclorometano e o clorofórmio, sendo o diclorometano o solvente preferido devido à sua menor toxicidade. No entanto, os solventes clorados têm uma maior tendência para formar emulsões do que os solventes não clorados. As emulsões são suspensões de pequenas gotículas de um líquido imiscível noutro líquido imiscível. As propriedades de alguns solventes de extração comuns, listados por ordem crescente de constante dieléctrica, são apresentadas no Quadro 1

Solvente	Constante dieléctrica	B.p. °C	Densidade $(g\ mL)^{-1}$	Inflamabilidade	Toxicidade	Adequação
Hexano	1.9	68.7	0.65	+++	+	Mau solvente para compostos polares
Benzeno	2.3	80.1	0.87	+++	+++	Demasiado tóxico para uso geral; tendência para a emulsão

Éter	4.3	34.6	0.71	+++	+	Bom solvente de extração geral, especialmente para compostos contendo oxigénio; dissolve até 1,5% de água.
Clorofórmio	4.8	61.7	1.48	Não inflamável	+++	+++ Seca facilmente, tóxica; tendência para a emulsão
Acetato de etilo	6.0	77.1	0.89	+++	+	Bom para compostos polares; absorve uma grande quantidade de água
Diclorometano	Dicloro- 8.9	39.7	1.31	Não inflamável	++	Bom solvente geral para extração de metano; facilmente seco, mas com ligeira tendência para emulsionar
1-butanol	17.5	117.7	0.81	++	+	Último recurso" para a extração de compostos muito polares; dissolve até 20% de água

Quadro 1 Solventes de extração comuns para extração por solventes + = menos inflamável/tóxico, +++ = mais inflamável/tóxico.

O CNSL extraído com solvente, especialmente de origem indiana, é rico em ácido anacárdico, como se mostra no quadro seguinte2 (49).

Estrutura	a	b	c	d	e	f	g
1	30.60	30.00	20.50		30.02	27.17	27.26
2	12.60	13.60	12.82		12.72	11.01	11.16
3	25.80	28.50	24.10		16.98	23.15	22.85
4	0.71				0.96	1.21	1.27
total (1-4)	69.71	72.90	57.42		60.68	62.54	62.56
5	16.20	13.20	11.38	12.20	17.26	13.76	14.26
6	3.5	4.20	5.60	3.78	5.68	4.51	4.24
7	0.80	0.28	3.70	1.90	1.90	2.37	2.29
total (5-7)	14.50	17.68	20.68	17.88	24.84	20.64	20.81
9	1.60	1.61	2.38	26.60	2.33	2.48	2.94

10	0.71		1.20	11.60	1.25	1.17	1.27
11	1.15	1.50	3.10	19.40	1.13	2.04	1.95
Total (9-11)	3.46	3.11	6.68	57.60	4.71	5.96	6.16

Quadro 2 Composições percentuais de lípidos fenólicos de CNSL de diferentes fontes **a)** Extração supercrítica de dióxido de carbono da casca de castanha de caju indiana **b)** Extrato de pentano (extração a frio) de cascas de castanha de caju indianas cruas **c)** Extrato de pentano de cascas de caju indianas cozidas a vapor **d)** CNSL técnico indiano **e)** CNSL brasileiro f) CNSL queniano **g) CNSL** moçambicano

O quadro 2 sugere uma percentagem mais elevada de ácido anacárdico na extração com solvente das cascas de castanha de caju em bruto, em comparação com a extração com dióxido de carbono supercrítico. Por conseguinte, se for necessária uma percentagem elevada de ácido anacárdico, a extração a frio com solventes parece ser a solução possível. Além disso, o CNSL obtido por extração a frio com solvente preserva as propriedades originais do líquido. A percentagem de ácido anacárdico nas cascas torradas a vapor é menor do que nas cascas de castanha de caju cruas, o que sugere a descarboxilação durante a separação da amêndoa das cascas por torrefação a vapor.

O quadro 2 também sugere uma percentagem mais elevada de constituintes insaturados no extrato de pentano da casca de castanha de caju indiana em bruto, em comparação com todas as outras fontes. Esta diferença de composição reflecte-se no CNSL técnico resultante (rico em cardanol) obtido do processamento industrial. A tabela 2 também mostra uma percentagem mais baixa de cardóis no CNSL do Quénia e de Moçambique. Também pode ser visto na tabela 2 que existe uma variação na composição do CNSL obtido de diferentes localizações geográficas. A extração e a composição química têm sido objeto de investigação. (50) Os métodos de extração de Soxlet utilizando diferentes solventes estavam também disponíveis na literatura. (51-55)

Capítulo 10. Extração a frio

A extração por solvente a frio foi efectuada colocando as cascas recém-quebradas num Erlenmeyer e cobrindo-as com o pentano. O extrato foi filtrado após 12 horas e as cascas foram novamente cobertas com o solvente. Cinco destes extractos foram combinados e evaporados num evaporador rotativo sob pressão reduzida, a uma temperatura inferior a 30° C. A relação soluto/solvente total foi mantida a 1:10. Os autores efectuaram apenas a análise do CNSL, não tendo sido feita qualquer quantificação do CNSL. (56) Num outro método de extração a frio (57), foi utilizado éter dietílico como solvente. As cascas partidas foram colocadas em 0,1X10- m^{33} de éter dietílico contendo 0,1% de anti-oxidante. Após 24 horas, a solução etérea foi decantada e o material residual triturado das conchas foi re-extraído com mais 0,1X10-m^{33} de éter etílico durante mais 24 horas. Os extractos combinados foram filtrados e evaporados até peso constante. A relação soluto/solvente não foi mencionada no seu trabalho. As experiências de extração a frio com tetracloreto de carbono, éter de petróleo e éter dietílico foram realizadas mergulhando o material da casca (100 g) em 400 ml de solvente durante uma semana. O autor também discutiu a extração por ultra-sons e concluiu que a necessidade de solvente é menor em comparação com outros métodos de extração. (58) Nos métodos de extração acima referidos, o tempo de extração é muito longo. Para reduzir o tempo de extração, é útil a extração a quente com um extrator de soxhlet.

Capítulo 11. Extração em Soxhlet

A extração por solventes de amostras sólidas, normalmente conhecida como extração sólido-líquido, mas que deve ser referida, numa utilização mais correcta da terminologia físico-química, como lixiviação, é um dos processos mais antigos de pré-tratamento de amostras sólidas. O Soxhlet tem sido a técnica de lixiviação mais utilizada durante muito tempo. As principais vantagens do soxhlet convencional são as seguintes: a amostra é repetidamente posta em contacto com solventes, o que ajuda a induzir a presença de diferenças de concentração entre o solvente e a substância a analisar. A temperatura do sistema mantém-se relativamente elevada, uma vez que o calor aplicado ao balão de destilação atinge, em certa medida, a cavidade de extração. Não é necessária qualquer filtração após a fase de lixiviação. O rendimento das amostras pode ser aumentado através da extração simultânea em paralelo, uma vez que o equipamento básico é pouco dispendioso. Os inconvenientes mais significativos da extração em soxhlet, em comparação com as outras técnicas convencionais de preparação de amostras sólidas, são o longo tempo necessário para a extração e a grande quantidade de solvente desperdiçado, cuja eliminação não só é dispendiosa como também pode causar problemas ambientais adicionais. (59)

A extração do extrator de soxhlet foi realizada com petróleo leve durante 12 horas, com uma relação soluto/solvente de 1:3,75. (60) Também foi relatado um trabalho utilizando hexano como solvente para a extração de CNSL do CNS. Subsequentemente, 20 g de casca de castanha de caju esmagada foram carregados no dedal e colocados no extrator de soxhlet a 70° C. O resultado final do CNSL obtido consistiu em 10% de cardol, 50% de cardanol e 30% de ácido anacárdico. (61) Foram determinadas as seguintes propriedades características do CNSL: pH, viscosidade, gravidade específica e índice de refração. A relação soluto/solvente mantida foi de 1:17,5. (62) Foi relatado um trabalho sobre a extração de CNSL do CNS utilizando diferentes tipos de solventes como (acetona, hexano, metanol e tolueno). Consideraram um rácio soluto/solvente de 1:20. Finalmente, concluíram que foi obtida uma maior quantidade de CNSL a partir do solvente cetónico (acetona). Os autores estudaram o efeito do tempo na extração do CNS e mencionaram que a percentagem máxima de recuperação de 96% foi obtida após uma hora de extração. Também estudaram o efeito da temperatura no desempenho da extração na gama de 30 a 50^0 C. Os rendimentos do ácido anacárdico foram registados em 45,2%, 43,7% e 44%, respetivamente, para os três solventes considerados. Uma vez que o ácido anacárdico sofre descarboxilação com o aquecimento, os autores podem ter-se limitado à gama de temperaturas mencionada, embora temperaturas mais elevadas, ao nível dos pontos de ebulição dos respectivos solventes, pudessem ter produzido uma maior quantidade de CNSL. Este foi o procedimento discutido por alguns autores com o seu trabalho utilizando etanol como solvente para extração de CNSL num extrator Soxhlet. (63)

Figura 6. Extrator de Soxhlet

Capítulo 12. Extração com dióxido de carbono supercrítico (SC-CO_2)

A extração SC-CO2 é uma extração que utiliza dióxido de carbono a 31,3^{O} C da sua temperatura crítica e 7,39MPa de pressão. Recentemente, o dióxido de carbono próximo dos estados crítico e supercrítico (SC-CO2) tem atraído muita atenção como solvente, especialmente nas indústrias alimentar e farmacêutica. Isto deve-se, em particular, ao interesse em evitar a utilização de solventes orgânicos que são económica e ambientalmente inócuos, para além das dificuldades em eliminar completamente os solventes orgânicos dos produtos finais desejados. (64) As vantagens do SC-CO_2 (65) são

1. Uma viscosidade reduzida que proporciona uma baixa queda de pressão na coluna, permitindo elevados caudais e análises rápidas

2. Elevados coeficientes de difusão do soluto, o que permite uma rápida transferência de massa e uma elevada eficiência

3. Necessidade de menores quantidades de solventes

4. Facilidade de eliminação e recuperação de soluto em separações preparativas.

Algumas das desvantagens do SC-CO_2 são

1. É necessário equipamento de alta pressão

2. Uma fase móvel de CO_2 100% puro não foi muito útil. O CO_2 tem uma fraca força solvente com propriedades solventes comparáveis às do hexano ou do pentano

SC-CO_2 foi escolhido como um dos métodos de extração do CNSL do CNS devido à sua capacidade de realizar a extração a baixa temperatura, não causando a degradação do ácido anacárdico, que é termicamente lábil ao cardanol. (64)

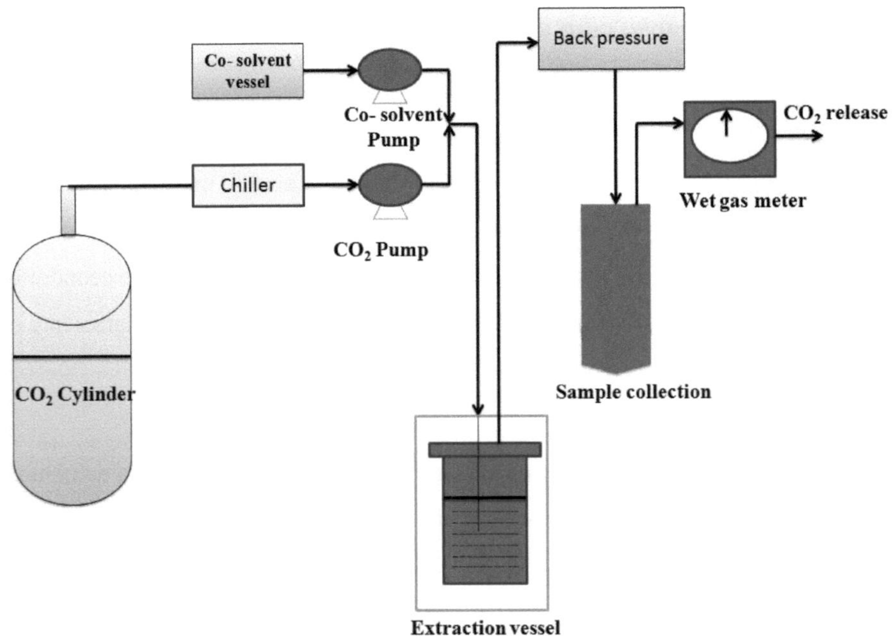

Figura. 7. Aparelho de extração com fluido supercrítico.

Havia também literatura disponível sobre a utilização de fluidos supercríticos na extração (SFE) de compostos bioactivos de matrizes vegetais, com destaque para óleos essenciais, compostos fenólicos, carotenóides, tocoferóis e tocotrienóis. (66) A extração supercrítica foi efectuada a uma pressão de 25 MPa e a uma temperatura de 40^0 C durante 16 horas. (56) Foi referido que a taxa de extração era máxima entre 5 e 10 horas. Embora o rendimento fosse apenas 60% do obtido, o produto era quase incolor. O caudal de dióxido de carbono foi fixado em 5 kg/hora (80 kg para todo o processo de extração). Obteve-se 0,7g de CNSL por cada kg de dióxido de carbono. A quantidade de dióxido de carbono foi reduzida. (64) Efectuaram a extração por dois métodos. O primeiro método foi o método de extração típico durante o qual os rendimentos obtidos foram muito inferiores aos rendimentos teóricos. No entanto, o rendimento foi de $10X10\text{-}^3$ Kg/Kg de CO_2. O segundo método baseou-se no método de extração por perfil de pressão com etapas intermédias de despressurização. Este método não só reduziu a quantidade de dióxido de carbono, como também aumentou o rendimento do CNSL. No entanto, foi discutida a qualidade e a quantidade de CNSL e não foi feita qualquer tentativa de separar os componentes do CNSL. Com base no método de perfil de pressão, o CNSL foi separado da casca da castanha de caju. (67) As cascas foram contactadas com dióxido de carbono a alta pressão a pressões elevadas de 30 MPa durante 1 hora e a pressão foi libertada antes do início do processo de separação. Foram obtidos rendimentos de extração de CNSL da ordem de 10 vezes superiores aos obtidos por extração com fluido supercrítico. Verificou-se que a temperatura tem efeitos diferentes sobre a solubilidade, dependendo da pressão. A baixas pressões (<12 MPa), o aumento da temperatura resulta numa diminuição da solubilidade do CO_2 na fase CNSL. A uma pressão superior a 20 MPa, o aumento da temperatura resulta num aumento da solubilidade do CO2 na fase CNSL. As condições que resultaram em solubilidades mais elevadas de CO_2 no CNSL proporcionaram rendimentos de extração elevados. O mecanismo de extração do método do perfil de pressão parece ocorrer por

1. Penetração do CO_2 através do material do invólucro,

2. Dissolução do CO_2 no CNSL,

3. Expansão e rutura da matriz do invólucro devido à despressurização que aumenta a transferência de massa e a área de contacto das fases.

Foi também realizado o efeito do tempo de pressurização-depressurização (PD) na extração de CNSL (68). Nas fases iniciais dos ensaios, antes da realização de uma etapa de DP, a temperatura de extração não teve um efeito significativo no rendimento. Isto significa que provavelmente apenas uma quantidade muito pequena de CNSL estava disponível para o solvente. Após a realização de uma etapa de DP, no entanto, os resultados para as várias temperaturas mudaram muito, com a temperatura mais alta dando os maiores rendimentos para uma determinada quantidade de CO_2 do que para os rendimentos obtidos a temperaturas mais baixas. Uma vez que o CNSL estava em bom contacto com o CO_2 , a influência da temperatura no comportamento da fase CNSL-CO_2 tornou-se mais importante. Nas extracções, verificou-se que uma etapa de pressurização-depressurização de cerca de 1h permitiu obter rendimentos de extração da ordem dos 60%. A extração de material de casca moída deu rendimentos de extração tão elevados como 90%. A transformação da castanha de caju utilizando a tecnologia de fluido supercrítico estava disponível na literatura. (69) Os autores explicaram os dois mecanismos possíveis para a extração. O primeiro mecanismo é a permeação e a difusão do dióxido de carbono na matriz e a subsequente difusão do CNSL na fase a granel. O segundo mecanismo possível é o facto de o dióxido de carbono penetrar na matriz natural e dissolver-se parcialmente na fase oleosa. Isto faz com que o óleo inche e a sua viscosidade se reduza gradualmente. Isto permite que o óleo flua para fora da matriz alveolar e depois se difunda para a fase a granel.

Capítulo 13. Isolamento dos principais componentes do líquido da casca da castanha de caju

O CNSL e os seus componentes são de natureza hidrofóbica e os sistemas de solventes aquosos não são úteis para as suas separações. Foram feitos esforços para isolar o ácido anacárdico através da produção de um sal de sódio que é estável à temperatura ambiente. Alguns autores trataram o sal de sódio com solvente e removeram os compostos não ácidos e depois trataram-no com ácido para obter finalmente o ácido anacárdico em bruto.

No final, o produto obtido era muito fraco. Este procedimento é modificado pela precipitação dos ácidos da solução alcoólica com hidróxido de chumbo fresco. (70) A desvantagem deste processo é que o sal de amónio do composto ácido era tão pegajoso e viscoso que era difícil filtrá-lo da suspensão fina de sulfureto de chumbo. Assim, este processo foi modificado através da utilização de sal de chumbo em solução etérea. (71) O sal etéreo com anacardato de chumbo foi continuamente agitado à temperatura ambiente e com HCl diluído seguido de água. Finalmente, destilou-se a solução para obter o ácido anacárdico.

Alguns autores referiram que os ésteres de ácidos gordos e o ácido anacárdico foram separados por metilação utilizando gel de sílica. Foi referido que o ácido anacárdico foi separado de outros compostos fenólicos por tratamento com diazometano em condições ambientais(72).

Também foi relatado um trabalho que utilizou a tecnologia de cromatografia em coluna para o isolamento do ácido anacárdico. Neste processo, o CNSL foi doseado com água e hexano. Os componentes foram eluídos com acetato de etilo-hexano-ácido acético (10:90:1 a 20:80:1 v/v) e posteriormente separados em fenóis por HPLC. (73)

O ácido anacárdico, sendo um composto mais ácido, depende do sal com aminas fracamente básicas. O cardol e os cardanóis, sendo componentes fenólicos e fracamente ácidos, não são retidos em superfícies fracamente básicas. Primeiro, preparou-se uma coluna de gel de sílica, misturando 500 g de gel em 1500 ml de hexano com 30 ml de trietilamina, e 100 ml de hexano foram carregados na coluna, utilizando um funil de separação como sistema de distribuição e a coluna foi irrigada com 4000 ml de acetato de etilo e mistura de hexano na proporção de (25:75v/v) contendo 1% de ácido acético. Entre a variedade de bases utilizadas, como o amoníaco, a amina primária, uma amina terciária e uma amina aromática, a trietilamina revelou-se mais eficaz. Este método separa os quatro componentes do ácido anacárdico como um grupo. O ácido anacárdico contém ácido anacárdico saturado, mono, di e tri olefinas. Estes quatro componentes foram separados utilizando a cristalização a baixa temperatura no intervalo de temperatura de 0 a -80^0 C. (74)

Utilizando o método de cromatografia em coluna, o CNSL foi separado em cardanol, cardol com o objetivo de recuperar o cardanol que é utilizado para a síntese de resinas de permuta catiónica. Neste processo, a mistura racémica de benzeno e clorofórmio foi utilizada como fase móvel numa coluna com adsorvente de sílica gel de tamanho de partícula 60120 mesh como fase estacionária. 80 ml de CNSL eram viscosos e foram adicionados 60 ml de clorofórmio para os tornar menos viscosos, depois foram adicionados 170g de sílica até a solução se tornar semelhante a uma praga e seca a 100° C durante 3 horas. A secagem do bolo de CNSL afectou a descarboxilação do ácido anacárdico em cardanol. O valor médio de RF do cardanol foi relatado como 0,516, para o cardol foi de 0,173 e para o 2-metil cardol, foi de 0,148. O pH do CNSL e do cardanol foi de 6,69 e 3,43, respetivamente, sugerindo que o cardanol é mais ácido do que o CNSL bruto. Este valor de pH sugere uma menor percentagem de ácido anacárdico no CNSL. O cardanol foi também isolado do CNSL utilizando o método de destilação em vácuo. (75) Foi utilizado CNSL com pH 4,3, o que indica que o ácido anacárdico no líquido era muito dominante. Foi efectuado o efeito das temperaturas e do tempo de aquecimento no pH do CNSL. Com base nas curvas de resposta do pH, foi indicado que quanto mais elevada a temperatura de aquecimento e mais longo o tempo de aquecimento, mais elevado o pH do CNSL. Estatisticamente, a temperatura de aquecimento contribuiu em 65% para as alterações do pH, enquanto o tempo de aquecimento contribuiu apenas em 35%. Também referiram que o aquecimento diminuiu a gravidade específica do CNSL devido à descarboxilação que levou à libertação de dióxido de carbono. Os dados sobre as características do CNSL mostraram que o aquecimento também reduziu a viscosidade do substrato, mas aumentou os valores de iodo e de hidroxilo. O aumento dos valores de iodo e hidroxilo deveu-se à redução da quantidade de massas de CNSL e à libertação de CO2 e água durante a descarboxilação. A diminuição da viscosidade deveu-se à formação de cardanol, que tem uma viscosidade mais baixa. Os autores indicaram uma temperatura de aquecimento óptima de 140^0 C e um tempo de aquecimento de uma hora para a descarboxilação do ácido anacárdico. O cardanol foi isolado do CNSL por destilação em vácuo (4-8 mmHg) a alta temperatura, com uma temperatura óptima de 280°C, e o rendimento de 74,22%.

Os três principais componentes do CNSL foram separados por processo químico. O CNSL extraído (50 g) foi dissolvido em acetona (300 ml) e o hidróxido de cálcio (30 g) foi adicionado em porções sob agitação. Depois de completada a adição de hidróxido de cálcio, a temperatura foi mantida a 50° C durante 3,5h e verificou-se no TLC a ausência de ácido anacárdico. Após a conclusão da reação, o precipitado de anacardato de cálcio foi filtrado e lavado com acetona (160 ml) e seco durante 2 h. O filtrado foi conservado para posterior isolamento do cardol e do cardanol. O anacardato de cálcio (50 g) foi tratado com água destilada (200 ml) e adicionou-se HCl 11M (40 ml), agitando-se constantemente durante ^ h. A solução resultante foi extraída com éter de petróleo (2 x 150 ml). A camada orgânica combinada foi lavada com água destilada (2 x 100 ml), seca sobre sulfato de sódio anidro e obteve-se ácido anacárdico a 95%. Também foi relatado um trabalho para a separação de cardol e cardanol do CNSL. A solução cetónica foi filtrada e depois adicionada com amoníaco líquido 80 ml e agitada durante 15 minutos. Esta solução foi extraída com hexano/acetato de etilo (98:2) e a camada orgânica foi lavada com NaOH a 2,5%, água e HCl a 5%. A camada orgânica foi seca sobre sulfato de sódio anidro e concentrada até se obter uma quantidade moderada de cardanol. A solução aquosa de amoníaco foi extraída com acetato de etilo/hexano (80:20). A camada orgânica foi lavada com HCl a 5%, seguida de água destilada, seca sobre sulfato de sódio anidro e concentrada até à obtenção de uma quantidade reduzida de cardol.(76-77)

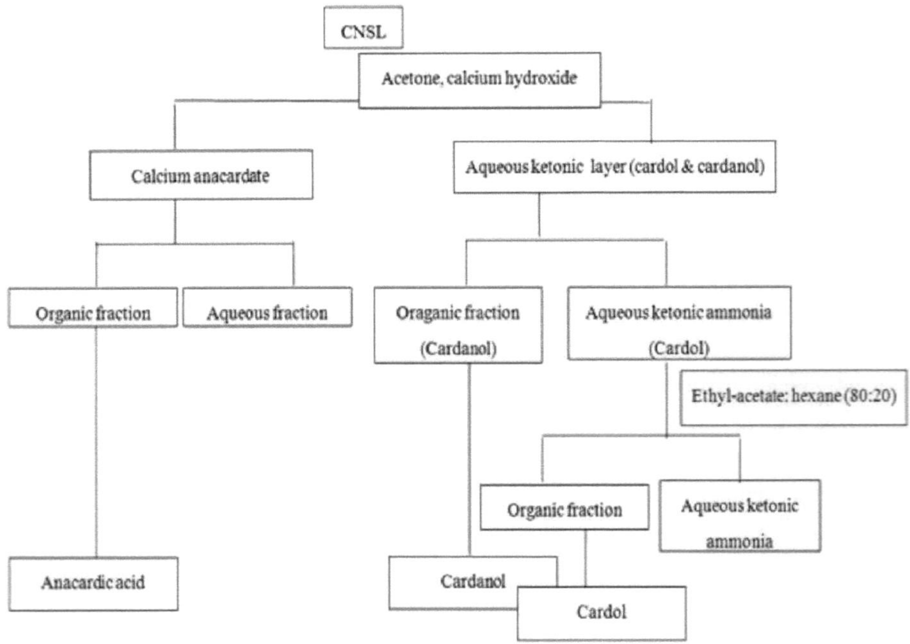

Figura 8. Diagrama de fluxo para a separação do ácido anacárdico, do cardanol e do cardol do CNSL

Capítulo 14. Âmbito dos trabalhos futuros

O trabalho pode ser direcionado para a utilização de diferentes tipos de solventes polares e não polares e para a combinação de solventes para a extração de CNSL do CNS com diferentes proporções de soluto para solvente e a sua caraterização físico-química. Componentes fenólicos (Cardanol, Cardol) baseados em poliéter poliol sintetizado e, finalmente, formação de espuma (rígida e flexível). Os estudos da constante de velocidade e da energia de ativação para a descarboxilação do ácido anacárdico em cardanol podem ser realizados para uma melhor compreensão da descarboxilação. A extração supercrítica de CNSL extraído a frio, bem como de CNSL obtido a partir de cascas extraídas a vapor, pode ser efectuada para a recuperação do ácido anacárdico, a fim de comparar a extensão do ácido anacárdico obtido com a dos métodos químicos.

Reconhecimento

O autor deseja agradecer ao Departamento de Química Aplicada, SVNIT, Surat, pela disponibilização das instalações laboratoriais, e à Gujarat Cashew Industrial (Kutch, Gujarat, Índia), pelo fornecimento do produto inicial. As instalações analíticas fornecidas pelo Centro de Excelência, Vapi, Gujarat, Índia, e pela Universidade de Punjab, Chandigarh, Índia, são reconhecidas com gratidão.

Referências

1. Klimisch, H.J.; Andreae, E.; Tillmann, U. (1997) A systematic approach for evaluating the quality of experimental and ecotoxicological data. *Regul. Toxicol. Pharmacol,* 25:1-5.

2. http://www.bolacashew.com/cnsl.htm.

3. Patel, R.N.; Bandyopadhyay, S.; Ganesh, A. (2006) Economic appraisal of supercritical fluid extraction of refined cashew nut shell. *Bioresour. Technol,* 97:847.

4. Kubo, I.; Muroi, H.; Himejima, M. (1993) Relações estrutura-atividade antibacteriana dos ácidos anacárdicos. *J. Agric. Food. Chem,* 41:1016-1019.

5. Wilson, R.J. (1975) The market for cashew kernels and cashew nut shell liquid Report No. G91. *Instituto de Produtos Tropicais,* Londres.

6. Kosoko, S.B.; Sanni, L.O.A.; Adebowale, A. A.; Daramolal, O.; Oyelakin, M.O. (2009) Efeito do período de vaporização e da temperatura de secagem nas propriedades químicas da castanha de caju. J. African. Food. sci., 3(6):156-164.

7. Tyman, J.H.P.; Johnson, R.A.; Muir, M.; Rokhgar, R. (1989) A extração do líquido da casca da castanha de caju da castanha de caju. *J. am. Oil. chem soc.,* 6(4):553- 557.

8. Mullin, W.J.; Wolynetz, M.S.; Emery, J.P. (1992). Uma comparação de métodos para a extração e quantificação de alk(en)ylresorcinols. *J. Food. Comp. Anal,* 5: 216-223.

9. Gandhi, T.; Dholakiya, B.; Patel, M. (2013) Protocolo de extração para o isolamento de CNSL utilizando solventes próticos e apróticos da castanha de caju e estudo dos seus parâmetros físico-químicos. *Pol. J. Chem. Technol,* 44:5894-5899.

10. Kubo, I.; Ochi, M.; Viera, P.C.; Komatsu. S. (1993) agentes antitumorais do sumo de maçã do cajueiro *(Anacardium occidentale). J. Agric. Food. Chem.,* 41:1012-1015.

11. Trevisan, M.T.S.; Pfundstein, B.; Haubner, R.; Wurtele, G.; Spiegelhalder, B.; Bartsch, H.; Owen, R.W. (2006) Caracterização de alquilfenóis em produtos de caju *(Anacardium occidentale)* e ensaio da sua capacidade antioxidante. *Food. Chem.*

Toxicol, 44:188-197.

12. Chelikani, R.; Kim, Y.H.; Yoon, D.Y.; Kim, D.S. (2009) Enzymatic Polymerization of Natural Anacardic Acid and Antibiofouling Effects of Polyanacardic Acid Coatings. *Appl. Biochem. Biotechnol,* 157:263.

13. Lubi, M.C.; Thachill, E.B. (2000) Thermal Oligomerisation of Cardanol. *Des. Monomers. Polym.,* 3:123.

1 4.Souza, F.G.; Soares, B.G.; Siddaramaiah, S.; Barra, G.M.O.; Hebst, M. H. (2006) Influência dos Plastificantes (DOP e CNSL) nas Propriedades Mecânicas e Eléctricas de Misturas SBS/Polianilina. *Polímero,* 47 : 7548-7553.

15. Rodrigues, S.R.N.; Jena, U.; Patel, J.B.; Sharma, A.M. (2006) Feasibility study of cashew nut shell as an open core gasifier feedstock, *Renewable. Energy,* 31: 481-487.

16. Athawale, V.; Shetty, N. (2009) Comparative Studies of Castor and Hydrogenated Castor Oil Urethane/Pmma Semi and Full Interpenetrating Polymer Networks. *J. Polym. Mater,* 26:149.

17. Mathew, G.; Rhee, J.M.; Hwang, B.S. (2007) Cure Behavior of Epoxy Resin Containing Castor Oil and Cashew Nut Shell Liquid and Its Derivative. *J. Appl. Polym. Sci.,* 106 (1): 178-184.

18. Parameswaran, P. S.; Abraham, B.T.; Thachil, E.T. (2010) Resol Fenólicos à base de cardanol - um estudo comparativo. *Prog. Rubber. Plast. Recycl. Technol.,* 26:31.

19. Buchweishaija, J.; Mkayula, L.L, (2008) O efeito da rotação e da temperatura no desempenho de inibição do líquido da casca da castanha de caju (Anacardium occidentale L) na corrosão do aço-carbono. Tanz. *JEngTech.,* 2 (2): 121-125.

20. Francisco Helder, A.; Rodrigues Judith, P.A.; Feitosa, Nagila, M.P.S.; Ricardo, Francisco Célio, F.; de França, A.; José Oswaldo, B. (2006) Atividade Antioxidante de Derivados do Líquido da Casca da Castanha de Caju (CNSL) na Oxidação Térmica do cis-1,4-Poliisopreno Sintético, *Braz. Chem. Soc.,* 17(2): 265-271.

2 1.Oliveira, M.S.; Morais, S.M.; Magalhaes, D.V.; Batista, W.P.; Vieira, I.G.; Craveiro, A.A.; Manezes, J.E.; Carvalho, A.F.; Lima, G.P. (2011) Actividades

antioxidante, larvicida e antiacetilcolinesterase do líquido da casca da castanha de caju. *Ata Trop.,* 117(3): 165-170.

22. Diego, L.; Fabricio, Y.; Selma, E. (2011) Ésteres tiofosfatados de derivados do líquido da casca da castanha de caju como novos antioxidantes para poli (metacrilato de metila). *J. Ther. Anal. and Calo.* 104(3):1177-1183.

23. Giuseppe, V.; Giuseppe, M.; Roberta, D.; Sole, I.; Jun, L.; Selma Elaine, M. (2011) Utilização de novos híbridos de cardanol-porfirina e seus compósitos à base de TiO_2 para a fotodegradação de 4-Nitrofenol em água. *Molecules,* 16: 5769-5784.

24. Paisal, N.; Hiroo, N. (1999) Diesel oil from cashew nut shell liquid, *regional sysm.on Chem.Eng.*

25. Arnab, G.; Raji, G. (1992) Asbestos free friction composition for brake linings. *Bull. Mater. Sci.,* 31 (1): 19-22.

26. www.huskhouse.com

27. Murthy, B.G.K.; Sivasamban, M.A. (1985) Recent trends in CNSL utilization. Investigação e Desenvolvimento do Caju. *Actas do Simpósio Internacional do Caju,* Cochim, Kerala, Índia, 12-15.

2 8.Seena, J.; Maya, J.; John, L.; Pothen, A.; Sabu T. (2009) Raw and Renewable Polymers. *Hdb. Env. Chem,* 1-26 Berlin Heidelberg.

29. Leerawan, K.; Narumon, S.; Nanthita, K.; Jumreang, T.; Sophon, R. (2005) Polissulfeto de cardanol como agente de vulcanização para borracha natural. *J. Sci. Res. Chula. Univ.,* 30(1): 23-40.

30. Lin, J.; Binghuan, H.U. (1998) Estudo sobre o polímero de condensação cardanol-aldeído contendo ligações coordenadas Born-Nitrogen. *J. poly.sci.,* 16(3): 219225.

31. D'Amico, F.; Martina, G.; Ingrosso, G.; Mele, A.; Maffezzoli, A.; Stifani, C. (2009) Desenvolvimento e caraterização de compósitos de matriz natural reforçados com juta, *IntJ. Mat. and Prod.Tech,* 36: 1-4.

32. De Lima, S.G.; Feitosa, C.M.; Cito, A.M.G.L.; Moita Neto, J.M.; Lopesl, J.A.D.;

Leite, A.S.; Brito, M.C.; Dantas, S.M.M.; Melo Cavalcante, A.A.C. (2008) Efeitos do líquido da casca da castanha de caju imatura (Anacardium occidentale) contra danos oxidativos em Saccharomyces cerevisiae e inibição da atividade da acetilcolinesterase. *J.Genetics and mole. Res.,* 7(3): 806-808.

33. Kubo, I.; Ochi, M.; Vieira, P.C.; Komatsu, S. (1993) Agentes antitumorais do sumo de maçã de caju (Anacardium occidentale). *J. Agri. Food Chem.,* 41: 1012-1015.

34. Himejima, M.; Kubo, I. (1991) Antibacterial agents from the cashew Anacardium occidentale (Anacardiaceae) shell oil. *J. Agri. Food Chem,* 39: 418-421.

35. Gulati, A.S.; krishnamachar, V.S.; Subbarao, B.C. (1964) Degradação de monocarbonilos a partir de lípidos autoxidantes. (1964) *Ind J. Chem,* 2, 114-117.

36. Biswas, A.K.; Roy, A.B. (1958) características de superfície ativa do anacardato de sódio isolado do óleo da casca da castanha de caju. *Nature,* 1299-1300.

37. Arun K.; Biswas e Anil Bandhu R, (1963) Características superficiais activas dos sais de sódio de ácidos anacárdicos com diferentes graus de insaturação. Natureza, 3203.

38. Jones, J.; Robert, E.P. (2008) *Encyclopedia of fruits and nuts,* CAB international, UK.

39. Davi, F.; Farias, M.G.; Cavalheirol, S.M.; Viana, G.P.; De Limal, G.; Lady Clarissa, B.; Rocha-Bezerra, N.; Ricardo, M.P.S.; e Ana F.U. (2009) *J. of American mosquito control asso.,* 25(3): 386-389.

40. Roger J.; Wilson. (1975) O mercado da amêndoa e da casca da castanha de caju Líquido. *Instituto de Produtos Tropicais.* Londres.

41. Price, R.L.; Holanda, L.F.F.; Maia, G.A.; Martins, C.B. (1975) Constituintes do suco de caju brasileiro. *Cien Agron,* 5:61-65.

42. Nagaraja, K.V.; Nampoothiri, V.M.K. (1986) Chemical characterization of high-yielding varieties of cashew *(Anacardium occidentale). Qual. Plant. Plant. Foods. Hum. Nutr.,* 36:201-206.

4 3.Ohler, J.G. (2001) Cashew processing and marketing, *The International J. Small-scale Food Processing,* Food Chain, Practical Action.

44. Mohoda, A.G.; Khandetoda, Y. P.; Sengar, S. (2010) Utilização ecológica de um fogão solar concentrador parabólico para a extração de óleo de casca de castanha de caju e para cozinhar em casa, International J. Sustainable Energy, 29(3): 125132.

45. Couto, H.S.; Duarte, J.B.F.; Bastos-Netto, D. (2004) Biomass Combustion Chamber for Cashew Nut Industry, *The Seventh Asia-Pacific International Symposium on Combustion and Energy Utilization,* December 15-17,Hong Kong SAR.

46. Francisco, H.A.; Rodrigues, P.; Francisco, C.F.; Franca, J.R.R.; Souza, N.M.; Ricardo, P. S.; Judith P.A. (2011) Comparação Feitosa entre as Propriedades Físico-Químicas do Líquido Técnico da Casca da Castanha de Caju (LCC) e as do Natural Extraído por Solvente e Prensagem. *Polímero,* 21 (2):156-160.

47. Linstromberg, W.W.; Baumgarten, E.D.C. (1987) Health and environmental effects document for propylene glycol. 6.ª ed. Washington, DC: U.S.

48. www.srsbiodiesel .com/solventextraction. aspx

4 9.Shoba, S.V.; Ravindranath, B. (1991) Supercritical Carbon Dioxide and Solvent Extraction of the Phenolic Lipids of Cashew Nut (Anacardium occidentale) Shells. *J. AgriFood Chem,* 39: 2214-2217.

50. Tyman, P.; Tyvhopoulos, V.; Chan, P. (1984) Quantitative analysis of natural cashew nut shell liquid (Anacardium occidentale) by high performance liquid chromatography. *J. Chromo,* 303: 137-150.

51. Kosoko, S.B.; Sanni, L.A.; Adebowale, A.O.; Oyelakin, M. O. (2009) Efeito do período de cozedura a vapor e da temperatura de secagem nas propriedades químicas da castanha de caju. *African J. of food sci,* 3(6):156-164.

52. Bruce, I.E.; Long, A.; Payne, P.B.; Tyman, J.H.P. (1990). Separação por HPLC preparativa dos constituintes insaturados do cardanol e do cardol. *J. Liq. Chromatogr.,* 13, 2103-2111.

53. Edooga, M.O.; Fadipe, L.; Edoga, R.N. (2006) Extração de polifenóis da casca da

castanha de caju. *Leonardo Elec. j.practices and Tech,* 9:107-112.

54. Senthil kumar, P.; Arun kumar, N.; Siva kumar, R.; Kaushik, C. (2009) Experimentação na extração por solvente de polifenóis de resíduos naturais. *J. Mater. Sci,* 44:5894-5899.

55.Azevedo, D.C.S.; Rodrigues, A. (2005) Separação de frutose e glucose do sumo de caju por cromatografia SMB. *Sep. Sci. Technol,* 40:1761-1780.

56.Shoba, Beatriz D.R.; Andrés, M.; Herminia, D.; Juan, C.P. (2006) Extração supercrítica de CO_2 e purificação de compostos com atividade antioxidante. *J. Agric. Food Chem., 54* (7): 2441-2469.

57. Tyman, P.; Tyvhopoulos, V.; Chan, P. (1984) Quantitative analysis of natural cashew nut shell liquid (Anacardium occidentale) by high performance liquid chromatography, *J. Chromo.,* 303: 137-150.

58.Shobha, S.V.; Ramadoss, C.S.; Ravindranath, B. (1994). Inibição da lipoxigenase-1 da soja por ácidos anacárdicos, cardóis e cardanóis. *J. Nat. Prod.,* 57, 1755-1757.

59.Castro, M.D.L.; Jimenez, C.M.M. (1998) Potencial da água para a lixiviação automática contínua de amostras. *J.Trend. Anal. Chem.,* 17: 441-447.

60.Ikeda, R.; Tanaka, H.; Uyama, H.; Kobayashi, S. (2002). Síntese e comportamento de cura de um polímero reticulável a partir de líquido de casca de caju. *Polymer.,* 43, 3475-3481.

61.Queiroz, C.; Silva, A.J.R.; Lopes, M.L.M.; Fialho, E.; Valente - Mesquita,V.L. (2011) Atividade da polifenol oxidase, composição em ácidos fenólicos e escurecimento da maçã de caju *(Anacardium occidentale,* L.) após processamento. *Food Chem,* 125:128-132.

62.Senthil kumar, P.; Arun kumar, N.; Siva kumar, R.;.aushik, C.; (2009) Experimentation on solvent extraction of polyphenols from natural waste, *J. Mater. Sci,* 44:5894-5899.

63. Talasila, U.; Vechalapu, R.R.; Shaik, K.B.; (2011) Preservação e extensão do prazo de validade do sumo de maçã de caju. *Internet J Food Safety,* 13:275-280.

64.Smith, R.L.; Malaluan, R.M.; Setianto, W.B.; Inomata, H.; Arai, K. (2003) Separação do líquido da casca da castanha de caju (Anacardium occidentale L.) com dióxido de carbono supercrítico. *Bioresource tech,* 88: 1-7.

65. Han, X.; berthed, A.; wang, C.; huang, K.; Armstrong, D.W. (2007) super/subcritical fluid chromatography separations with four synthetic polymeric chiral stationary phases, *J. chromatographia,* 65:381-400.

66. Camila, G. P.; Angela, M. A. (2010) Meireles Extração de Compostos Bioativos por Fluido Supercrítico: Fundamentos, Aplicações e Perspectivas Económicas. *Alimentos. Bioprocess. Technol.*, 3(3): 340-372.

6 7.Setianto, W.B.; Yoshikawa, S.; Smith, R.L.; Inomata, H.; Florusse, L.J.; Peters, C. (2009) Separação por perfil de pressão de compostos líquidos fenólicos da casca de caju (Anacardium occidentale) com dióxido de carbono supercrítico e aspectos do seu equilíbrio de fases. *J. of supercritical fluids,* 48(3):203-210.

6 8.Setianto, W.B.; Smith, R.L.; Inomata, H.; Arai, K (2003) processing of cashew nut (anacardium occidentale l.) and cashew nut shell liquid with supercritical carbon dioxide and water. *Simpósio internacional, fluidos supercríticos,* 1: 41-46.

69. Rajesh, N.P.; Santanu, B.; Anuradha, G. (2006) Extração do líquido da casca da castanha de caju (Anacardium occidentale) utilizando dióxido de carbono supercrítico. *Bioresource Technology*, 97, 847-853.

70. Backer, H.J.; Haack, N.H. (1941). Composants du latex de l'Anacardium occidentale Linn. *Rec. Trav. Chim. Pays-Bas,* 60, 661 - 677.

71. Pillay, P.P. (1935) Ácido anacárdico e ácido tetrahidroanacárdico. A constituição do ácido tetrahidroanacárdico. *Journal of Indian. ChemSo.c,* 12: 236.

72. Gellerrnan, J.L.; Schlenk, H. (1968) Methods for isolation and determination of Anacardic acids, *Analytical chemistry,* 40(4):739-743.

73. Kubo, I.; Komatsu, S.; Ochi, M. (1986) Molluscicides from the cashew Anacardium occidentale and their large scale isolation, *JAgricFood.Chem,* 34:970.

74. Phani, K.P.; Paramashivappa, R.; Vithayathil, P.J.; Subbarao, P.V.; Srinivas, R. A.

(2002) Process for Isolation of Cardanol from Technical Cashew (Anacardium occidentale L.) Nut Shell Liquid. *JAgri.Food Chem,* 50(16): 4705-4708.

75. Risfaheri, T.; Tedja I.; Anwar, N. M.; Sailah, I. (2009) Isolamento de Cardonol do líquido da casca da castanha de caju utilizando o método de destilação em vácuo. *Revista indonésia de agricultura,* 2(1): 11-20.

76. Paramashivappa, R.; Phani, K.P.; Vijayathil, P.J.; Srinivasa, R.A. (2001) Novo método para o isolamento dos principais componentes fenólicos do líquido da casca da castanha de caju (Anacardium occidentale). *J.of Agric.food Chem.,* 49: 25482551.

77. Gandhi, T.; Patel, M.; Dholakiya, B. (2012) Estudos sobre o efeito de vários solventes na extração do líquido da casca da castanha de caju (CNSL) e isolamento dos principais constituintes fenólicos do CNSL extraído, *J. Nat. Prod. Plant Resour,* 2 (1):135-142

APLICAÇÕES GERAIS DOS RECURSOS NATURAIS RENOVÁVEIS

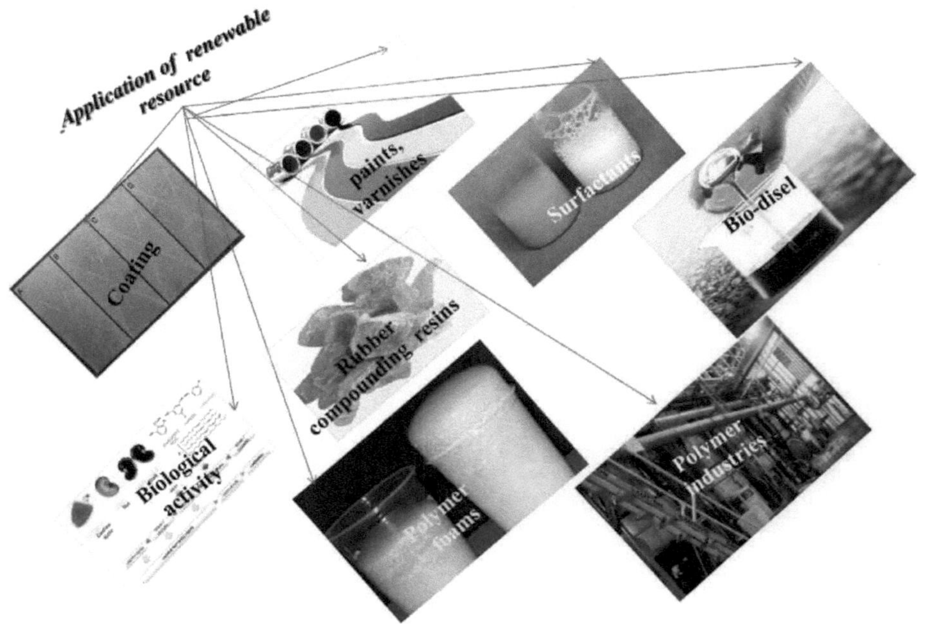
Application of renewable resource
Coating
paints, varnishes
Surfactants
Bio-disel
Rubber compounding resins
Biological activity
Polymer foams
Polymer industries

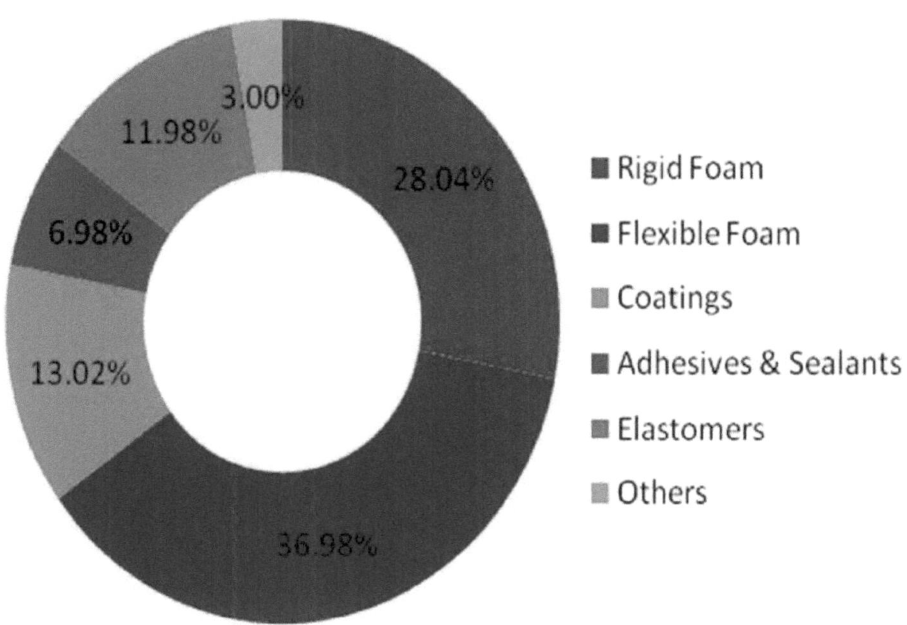
3.00%
11.98%
28.04%
6.98%
13.02%
36.98%
Rigid Foam
Flexible Foam
Coatings
Adhesives & Sealants
Elastomers
Others

Printed by Books on Demand GmbH, Norderstedt / Germany